仰鼻大圣
金丝猴

GOLDEN MONKEY

刘 哲 宋 娴 任宝平 编著

衷心感谢本书科学顾问李明研究员

上海科技教育出版社

中国大鲵

岩羊

震旦鸦雀

中国珍稀物种探秘丛书

主　编：王小明

副主编：李　伟

扬子鳄

文昌鱼

朱鹮

藏狐

项目支持：

上海市科学技术委员会

上海科普教育发展基金会

上海科技馆

野驴

大熊猫

金丝猴

国家"十二五"规划建议明确了"深入实施科教兴国战略和人才强国战略,加快建设创新型国家"的要求,并提出"要推动文化大发展大繁荣,提升国家文化软实力"的方针。为了弘扬科学精神、推进科学传播,提升公众的科学素养,《中国珍稀物种探秘丛书》第一部《两栖之王——中国大鲵》出版了。这套丛书凝聚了众多优秀科学家的最新研究成果,体现了各级领导的关怀和社会各界的支持。谨此,我代表上海科技馆理事会和上海科普教育发展基金会,对系列丛书的出版表示热烈的祝贺。

中国是一个拥有丰富动植物资源的国家,以大熊猫、金丝猴、朱鹮、扬子鳄、中国大鲵和中华鲟为代表的特有珍稀物种繁衍于中华大地,见证了自然历史和人类文明的变迁。了解这些物种生存的历史和现状,探索人类与自然共存的基本法则,唤起人们热爱自然、保护自然、促进人与自然和谐相处的意识,这是我们科学工作者的责任和义务。

本系列丛书的主编王小明教授是我国著名的动物学家。在他的指导下,上海科技馆科普工作者们与工作在各领域的科学家紧密合作,通过细致入微的观察、探究、考证,用朴实、充满情趣的写作风格,为我们展现了不同物种的栖息环境和特有的生物学知识。作品还探究了不同物种与中国历史、文化的渊源,将科学普及与文化传播结合起来,既丰富了内容,又增添了可读性。

《中国珍稀物种探秘丛书》与《中国珍稀物种》系列科普纪录片,是依托不同传播媒介的姐妹作品。纪录片《中国大鲵》在上海电视台播出后,得到了广大群众的好评和喜爱。我相信,在此基础上推出的系列丛书第一部《两栖之王——中国大鲵》,将会进一步增进公众对该物种的认知，并为后续推出扬子鳄、岩羊、震旦鸦雀等纪录片和图书，打下良好的开局。

上海科技馆的科普工作者和相关领域的学者、专家对本系列丛书和科普纪录片的创作，为激励科普研发、培养科普人才和探索科普文化产业发展途径树立了一个典范。推动文化发展、提升国家文化软实力任重而道远，我相信本系列丛书和纪录片的创作将成为众多科学家和公众参与的科普教育平台。

本系列丛书和纪录片的出版，不仅得到上海科技馆和上海科普教育发展基金会的支持，更得到了上海市科学技术委员会、华东师范大学、中国科学院昆明动物研究所等相关政府部门和社会多方面的鼎力支持。我衷心希望有更多的政府部门和社会各界对科普教育事业和科普文化产品的研发给予关注和支持。随着本系列丛书的出版，也预祝有更多的后续科普项目能早日策划和实施。

左焕琛

● 全国政协常委　● 上海科技馆理事长　● 上海科普教育发展基金会理事长

2010 年 12 月

　　《仰鼻大圣——金丝猴》作为《中国珍稀物种探秘丛书》的第五册,经过多方的共同努力,终于要跟读者见面了。

　　金丝猴是国家一级保护动物,共有川金丝猴、滇金丝猴、黔金丝猴、越南的东京金丝猴以及最新发现的怒江金丝猴五个种类,而中国就独占了其中的三种。本书通过对金丝猴的介绍,一一揭开这个林中精灵的谜团。《中国珍稀物种探秘丛书》从中国大鲵,到震旦鸦雀,再到岩羊和文昌鱼,已经在野生动物的科普创作上做了一些探索,并取得一定的成效,本书作为该系列的又一重要成果,既沿袭了上述科普书籍的科学性,同时又做了许多新的尝试。

　　科普创作并不是件容易的事情,作者除了要保证作品的科学性与逻辑性外,还要尽量将一些生涩难懂的科研成果用通俗易懂的话语生动地讲出来,使读者对该领域产生兴趣。这对并非从事某一专业领域研究的科普工作者来说,是有一定难度的。并且科普创作在当下不是一个热门的行当,很少有人专职于此,相比于其他行业来讲,其发展速度要慢很多。尽管困难重重,但是作为领航者,上海科技馆需要扛起科学传播这面大旗,探索其有效途径,以实现在科学普及领域的可持续发展。今年年初,上海科技馆筹划建立上海市科学传播与发展研究中心。3月份,该中心正式运行,编写本书的作者中,有两位较年轻的作者都来自该中心。有了这样一个平台,上海科技馆就能更好地从事科学传播的理论研究、项目调研等各方面工作。希望该中心能够为上海市的科学传播领域增添新的生机与活力。

"重视人才的培养"一直是上海科技馆秉承的原则。年轻人勤于思考、敢于创新，而上海科技馆也乐于给这样的年轻人提供发展的空间和平台。这样的有益结合会最大化地发挥人才优势，推动科学传播的发展。本书有不少创新之处，运用了许多生动有趣的表现手法。作者作为年轻人，更了解这个时代的创作需要朝什么样的方向走才符合年轻人的需求。我很高兴看到这一代年轻人的成长和大胆的创新。正是有了他们这些新鲜的血液，科普事业的发展才会有更灿烂的未来。

十年树木百年树人，教育是个以十年甚至是上百年来计算的事业。科学普及作为正规教育的一个重要补充，也日益发挥着重要的作用。书籍是人类进步的阶梯，科普书籍作为科学传播的一种重要形式，在科学知识的普及中发挥着重要的作用。而科学传播还有很长的路要走，鼓励年轻人参与科普工作也是大势所趋，期待有越来越多的年轻人涌入科普领域，将他们的聪明才智贡献给祖国的科普事业。

王小明

●中国动物学会副理事长 ●华东师范大学终身教授 ●上海科技馆馆长

2013 年 7 月于上海

"兔啼槲啼巴峡雨，
花红玉白剑南春。"
——杨万里（宋）《致陆务观剑南诗稿二首》

"精灵"的隐身之地（崔滢供图）

郁郁葱葱的森林中，
隐藏着许多大自然的秘密，
我们开启探索的旅，
寻找藏匿其中的
精灵们……

目录

第一章　身世之谜

第一节　名字的由来

　　洛克塞拉娜(Roxellana)是奥斯曼帝国苏里曼(Süleimān)大帝的妻子,这位美丽的王妃有着一个很特别的"翘鼻",为原本就俊俏的脸庞又增加了些许可爱之气。

　　1870年,法国神甫戴维(Armand David)在我国四川宝兴采集了几只金丝猴样本,并将它们运到巴黎的自然历史博物馆收藏。1872年,法国著名动物分类学家米尔恩-爱德华兹(Henri Milne-Edwards)对这些标本进行了科学的描述,在给它们起学名的时候,他联想到了16世纪的一幅名画——长着俏皮的朝天鼻、披着一头金色长发的洛克塞拉娜王妃的画像。就这样,可爱的金丝猴因与美丽的王妃共有"翘鼻"这一特点,

图 1-1　堵鼻防雨

而得到了一个美丽的名字——*Rhino-pithecus roxellana*。其中,*Rhinopithecus* 就是"仰鼻猴属"的意思,而 *Roxellana* 就是"苏里曼大帝的妻子的名字",金丝猴的学名意在强调其独特的"翘鼻"特征。

到目前为止,人们尚不能对"翘鼻"给出适当的诠释。一些尚未证实的猜测很有意思,比如:金丝猴一般都生活在氧气稀薄的较高海拔的山区,如果长着和人类相同的鼻腔,要得到同样的氧气量的话,金丝猴每次呼吸所需要的时间和气力就要比人类多;如果呼吸的频率和人类一样,那么金丝猴呼吸一次获得的氧气量就会比人类少。所以金丝猴呼吸的频率应该比人类高,但目前并没有发现这样的问题。金丝猴的鼻头几近消失,鼻梁骨大大退化形成短鼻腔,最明显的缺陷是吸入的空气在鼻腔中被过滤、温暖和湿润的程度不足,干冷的空气可能会对气管和肺部有害。但它们在长期的生存中明显已经适应了这样的环境。古人曾经对金丝猴如何度过雨天很是担心,他们认为雨水会流进金丝猴的仰天鼻里,所以它们会用尾巴尖在下雨时堵上鼻孔,以防雨水进入。

有了学名的金丝猴在生物界也就有了正式的"编制",科学领域这才开始了对它的正式研究。

科学放大镜

蜂桶寨自然保护区

四川宝兴1930年建县,取《礼记·中庸》"今夫山,一卷石之多及其广大,草木生之,禽兽居之,宝藏兴焉"之意而命名为宝兴。这里是金丝猴标本的采集地,也是大熊猫的故乡,世界上首次发现大熊猫就在此地。现在,四川省宝兴县建有蜂桶寨自然保护区,人们可在半野生状态下观赏到大熊猫的真实活动。

蜂桶寨自然保护区位于宝兴县东北部,地处夹金山下,邛崃山西坡,1975年建立,面积39 039公顷,主要保护珍稀濒危动物大熊猫、金丝猴及山地混合森林生态系统。这里群山连绵,河谷纵横,箭竹茂密,有珍稀动物378种,维管束植物1050种。

第二节　中国文化中的金丝猴

在中国文化中,猴子的形象早已深入人心。我们最为熟悉的就是在十二生肖中排名第九的"申"猴了。为什么古人把猴子排在第九位呢?据说,猴子在15:00~17:00时,发出的声音最长、最洪亮,于是人们就把申时与猴子联系在一起。许多水果和粮食作物一般都在农历7月成熟,这给猴子带来了无限生机。猴子的灵敏性以及它的觅食习惯,身体"伸缩"之状在动物界都是唯其独尊的。所以,农历7月称"申月"、"猴月",又称"金秋"之月。

传说老虎在山林中很早就以镇山之兽威名远扬了。山中的动物听到老虎的吼声就远远躲开了,而老虎一面为自己的威风感到得意,一面又为自己的

图 1-3　招摇过市

孤独感到悲伤。猴子机敏过人,独与老虎成为了挚友,互相称兄道弟,当虎王外出的时候,猴子便代行镇山之令。由于百兽慑于虎王的威风,也只好听它的使唤。这就是成语"山中无老虎,猴子称大王"的来历。

在我国古代,金丝猴就有很多称号,例如"狨"、"狖(yòu)"、"蜼(wěi)"、"猓然"等。李时珍的《本草纲目》中有这样的描述:"狨毛柔长如绒,可以藉,可以缉,故谓之'狨'。"这里的"狨"指的就是金丝猴,因为金丝猴毛发柔软纤长,就像绒线一样,所以用"狨"来命名。也正因为其毛发的颜色和长度,被古人命名为"金线狨"。宋朝的一位诗人陆佃在《埤雅》卷四中记录道:"狨,盖猱之属,轻捷善缘木,大小类,长尾。尾作金色,今俗谓之'金线狨'者是也。生川峡深山中。"诗人杨万里在描写山林之中,游人所遇到的金丝猴时,写道"鬼啸狨啼巴峡雨,花红玉白剑南春。"清《广州府志·物产》记述"猓然""生从化山中,似猴,身黑面白,其尾长过于身,数以尾自度其身以自娱"。这里的"猓然"其实也是指我们所说的金丝猴。诗中提到的金丝猴,人们都可以在生活中看到,可见,金丝猴与源远流长的中国文化早已交织在一起了。

在古代金丝猴是权贵的象征。北京明朝定陵出土的皇帝衮服上,呈现的就是金丝猴的图样。古代帝王宗庙祭祀用的酒器上有两种动物图案,一个是"虎",一个是"蜼"(指金丝猴)。更有人把它的皮毛做成了"狨褥"、"狨衣"、"狨座"等奢侈品。人们对象征地位的金丝猴物件争相追捧,有人还为之付出了惨痛的代价。

宋朝政和年间,有一个人做"次卿"很久了,因觉得自己很快就会转为正卿,可以坐一坐梦寐以求的"狨座"而兴奋不已。掉以轻心的他只顾兴奋,忘记了宫中律例,屁股刚一挪到座位上,便被人揭发为"躁进",用现在的话说就是"急于进取",因此被免了官。

老虎的屁股摸不得,金丝猴皮做的椅子也不是随便坐的呀!

第三节　金丝猴的样子

金丝猴这个称呼仅仅是个统称而已,这是因为,在金丝猴被发现和命名之后,人们又陆续发现了其他几种"翘鼻"的、不同毛色的猴子。这样,金丝猴也就从分类学上的"种"上升到了"属"的级别了。金丝猴在第一次被记载的时候用的就是"jinsihou"的汉语拼音形式,加上"金丝"本身隐含的高贵性,所以国人更喜欢用金丝猴而不是仰鼻猴来命名它们。细分起来的话金丝猴共有五种:川金丝猴、滇金丝猴、黔金丝猴、怒江金丝猴以及仅分布在越南的东京金丝猴,而在我国独有的就有三种。如今,它们跟大熊猫一样,都是"国家一级保护动物"。在五种金丝猴中,只有川金丝猴是金色的。那么如何理解"金丝猴属"这个名称呢? 其实很简单,这就和我们中国人的姓氏相近了,"金丝猴"就是这类猴的"姓",它们的种可用毛色来区分。中国人的姓氏是不能随便更改的,金丝猴的属名也一样,其遵循分类学上的"首用制"和"唯一性"原则。

一只成年的雄性川金丝猴身高有80厘米,后肢可直立作人立状,站立时身高可达1.3米,跟一个7岁小朋友的身高差不多,尾长与躯干的长短相近;头顶是褐色冠状长毛,眉骨的地方长着黑色长毛,就像人的眉毛那样,脸面呈靛蓝色,双目周围生着白色的眼圈。在猴群中,因为年龄的不同,毛色的变化

图 1-4　川金丝猴幼猴(蔚培龙供图)

图 1-5　人立状的金丝猴(崔滢供图)

图 1-6　抱团取暖(朱平芬供图)

很大,有的无冠毛,有的有冠毛但很短;有的背无金丝长毛,有的虽披金色"披风"但不长。它们的毛色不仅仅与年龄有关,也与健康状况有关。

　　和川金丝猴相比,滇金丝猴就显得更有地方特色了。滇金丝猴生长于海拔较高的高山暗针叶林带,是我国目前发现的居住地海拔最高的灵长目动物。滇金丝猴虽然没有川金丝猴帅气的金色"披风",却有着令人销魂的美丽"红唇",这使得它们的样子与人类更加相像。它们身体的背面、侧面,以及四肢的外侧、"手"、"足"和尾部均为灰黑色,这也使得嘴唇的颜色更加显著了。

　　黔金丝猴主要分布在贵州省境内的梵净山地区,其体型比川金丝猴要小一些,然而尾巴却更长,全身呈银灰色,吻鼻部略向下凹,脸部灰白或浅蓝,鼻眉脊浅蓝。在贵州,当地人称之为"牛尾猴"。

　　怒江金丝猴目前仅分布于我国云南省怒江自治州以及其与缅甸接壤的山林中,数量和具体分布范围信息不详。这种金丝猴生活于亚热带,全身除面盘和耳朵尖之外，一身黑色，大小与滇金丝猴相仿，嘴唇艳红，于2010年被瑞士苏黎世大学研究人员在缅甸境内发现并命名。

在本书中，笔者将主要介绍川金丝猴的形象、特征、习性、行为等内容，其中会穿插部分滇、黔金丝猴的情况，下面就请跟随笔者的步伐，一起来探究这些可爱的林中精灵的秘密吧！

首先，我们通过金丝猴的颅骨照片来认识一下它们的样子。从图片中可以看出金丝猴颅骨外形较为圆钝，颧弓间宽相当于颅全长的74.67%。相比之下，猕猴颧弓间宽仅为颅全长的70.5%，黑叶猴则更短，为65.43%。因此，相对来说金丝猴的颅骨较短，组成颅骨的骨板较厚，颅骨全形较为粗壮厚实。结节、粗隆及突起等，均较猕猴、黑叶猴等旧大陆猴类显著得多。

很难想象，金丝猴颅骨的形态特征是与食性密切关联的。它们虽然以植物娇嫩部分为食（吃植物的茎叶、嫩枝、芽孢、果实等），但也能吃植物较硬的枝条和皮，甚至亦能将坚果（如核桃）咬碎

图 1-7 黔金丝猴（向左甫供图）

图 1-8 怒江金丝猴
（何贵品、褚玉华、六普供图）

9

吞下。金丝猴的食谱非常广,在不同季节都能够最大化利用生境内的食物资源。这一生活特性,促使金丝猴的咀嚼机能增强。因此,在这一选择压力下,颅骨结构也相应变化以适应咀嚼能力的加强:如突起显著的颜嵴、枕嵴、冠状突等均大大增加了咀嚼肌(颜肌)的附着面;深陷的下颌骨咬肌面及内侧的一些突起以及下颌角内外缘的粗嵴,构成了咬肌发达的有利条件。金丝猴颌关节的关节后突较长,向下达关节内端的腹侧,再加以周围韧带固定,使咀嚼和

撕裂食物时不致脱开或左右摇动。金丝猴枕嵴的增高,扩大了枕骨颈面的面积,因而增强了头部和躯干间的稳固和连接,茎突较大亦与此部位肌肉较发达有关。颅骨的门齿距环椎关节较近,可增强头颈间的固定性和前部牙齿的衔着力量。以上这些特征的变异,均说明其与咀嚼功能的加强有关。

此外,根据金丝猴颅骨额部较高耸,颅容量和头长耳高指数较大,可推知其脑部较发达,灵活性和均衡性相对较高,对外界环境的反应较灵敏,这些

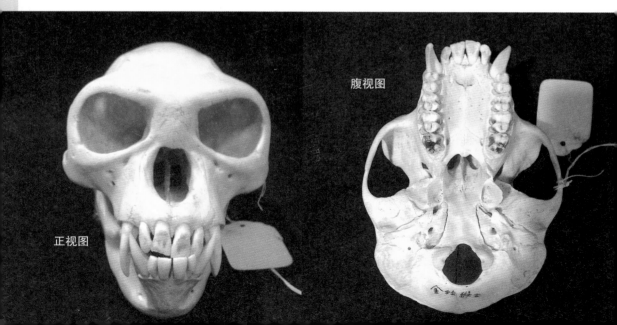

腹视图

正视图

特征和它在高大树木之间能够弹跳、飞跃是相对应的。而金丝猴眉嵴粗壮高突的特征,可能与其长期适应树栖生活,能够在中、小雨和大雪时活动、寻食有关,该特征可以为它们遮住雨雪,不致"睁不开"眼睛。

金丝猴牙齿的结构也很特别。臼齿为丘突齿,属杂食兽的结节型齿,其上臼齿臼面有4个较大的齿尖(外侧为前尖、后尖,内侧有原尖、次尖),在前尖前方尚有一前附尖,无连接原尖和后尖的斜嵴。臼齿在咀嚼过程中,由于颌关节窝较平坦,同时颌关节后突为三角形,并仅包住下颌横柱状的下颌关节面的外侧,所以,上、下臼齿可以在小范围内左右磨动,适于研磨富粗纤维的食物。雄性犬齿齿根很大,齿冠亦较长,上犬齿尖端高出臼齿面约1.5厘米,下犬齿尖端高出臼齿面约1厘米。雄猴的犬齿远远比雌猴发达,这在科学上称为"性二形"。身体强健、犬齿锋锐的雄性,在与其他雄性的搏斗中能取得上风,赢得王位,并占有更多的雌猴。门齿齿根向后弯,与齿冠的长轴不呈一条

图 1-9　成年雄性金丝猴头骨图(黄骥供图)

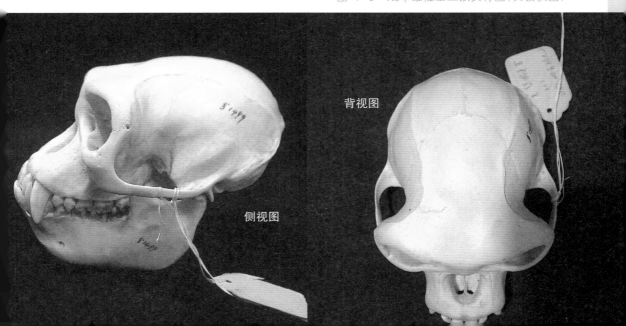

侧视图

背视图

金丝猴化石

　　金丝猴是中国化石灵长目记录中首次报道的物种之一,同年报道的还有河南渑池的安氏猕猴。材料为一具附乳臼齿和两个第一臼齿的近成年的雄性颅骨、三件上颌骨和一件下颌骨,产自四川万县盐井沟中更新世裂隙堆积中。1923年,马太(Matthew)和格兰哲(Granger)主要因其体型比现生金丝猴大且粗壮,将其命名为丁氏鼻猴(*Rhinopithecus tingianus*)。这是首次命名的化石金丝猴种类。1953年,科尔伯特(Colbert)和霍伊乔(Hooijor)在研究盐井沟哺乳动物群时,将该化石与美国自然历史博物馆收藏的年龄相当的川金丝猴头骨进行了比较,认为化石种的头骨和牙齿的尺寸并不比现生种大,只是在下颌齿的尺寸和第一下臼齿处下颌体的高度上有差异,但在地理分布上比黔金丝猴更靠东北,因而提出将 *R. tingianus* 降为亚种,即 *R. roxellanae tingianus*(丁氏川金丝猴)。与其共生的哺乳动物群即盐井沟动物群,一直为我国研究更新世中期大熊猫—剑齿象动物群不可多得的对比资料。(据全国强资料整理)

图 1-10　金丝猴的牙齿(崔滢供图)

直线,这一点近似于猿类。幼年和成年金丝猴上、下颌的门齿均基本上排列成一列,上门齿与上犬齿间有一较大的齿隙。

　　川金丝猴有一个明显的特征,那就是嘴角上的肉瘤。这个特征可能与它们硕大的犬齿有关。因为川金丝猴要用嘴折断、撕裂植物茎干、树皮等。肉瘤会与坚硬的食物摩擦,出现被划伤流血的情况,成年雄猴更为明显。

第四节　金丝猴的近亲

金丝猴在生物界属于哺乳纲灵长目猴科疣猴亚科仰鼻猴属。灵长目是哺乳纲的1个目,目前动物界最高等的类群。它们大脑发达;眼眶朝向前方,眶间距窄;手和脚的指(趾)分开,拇指灵活,多数能与其他指(趾)对握。灵长目动物包括原猴亚目和类人猿亚目,主要分布于世界上的温暖地区。灵长目中体型最大的是大猩猩,体重可达275千克,最小的是倭狨,体重只有70克左右。

说起金丝猴的近亲,最近的应该是白臀叶猴属(*Pygathrix*)。目前白臀叶猴属共有3种:灰胫白臀叶猴(*P. cinerea*)、

图 1-11　萌照

白臀叶猴（*P. nemaeus*）和黑胫白臀叶猴（*P. nigripes*）。其中，灰胫白臀叶猴发现于1994年。白臀叶猴分布于老挝、越南、柬埔寨，我国海南岛1892年采集过它的标本，并因此被认为也有白臀叶猴分布，但目前科学界最可能的一种说法是，该物种在中国没有分布。白臀叶猴因其雄性臀部具有三角形白色臀斑而得名（雄兽的臀盘上端还有两个白色的圆点，雌兽无），体色鲜艳，鼻梁平滑，鼻孔朝上，数量极稀少，全世界不足1000只。成熟年龄较晚，繁殖率低，雄性5岁才性成熟，雌性为4岁，每次只产1仔。

表 1-1 灵长目的分类

目	亚目	下目	总科	科	亚科	现存物种举例
灵长目	原猴亚目	狐猴类	狐猴总科	鼠狐猴科		矮狐猴
				狐猴科		环尾狐猴
				大狐猴科		大狐猴
				指猴科		指猴
		眼镜猴类	眼镜猴(或懒猴)科			懒猴
		跗猴类	跗猴科			马来跗猴
	类人猿亚目	阔鼻类	狨猴科			
			卷尾猴科			
		狭鼻类	猴总科	猴科	猴亚科	猕猴
					疣猴亚科	川金丝猴
			人猿总科	长臂猿科		
				猩猩科		
				人科		

第二章　金丝猴的吃、住、行

第一节　标准的"素食者"

　　"山脚盛夏山顶春，山麓艳秋山顶冰，赤橙黄绿看不够，春夏秋冬最难分"，是神农架林区气候的真实写照。多样化垂直分布的气候为多物种的生存营造了极佳的环境。如此的神农架，为金丝猴提供了丰盛的食物资源。

　　树叶通常被认为是金丝猴的主食，以树叶为主食是有很多好处的。大部分时节，小猴们都不必费精力去寻找，放眼望去到处都是新鲜美味的树叶，猴群之间不用为了争夺美食而打架，相反，正是因为食物充足，它们才有更多的时间来嬉戏玩耍、拥坐理毛、交流感情。最不可思议的是猴子对树叶基本上没有多大的消化能力，以树叶为主食的金丝猴是如何克服这个难题的呢？

图 2-1　新鲜叶子真美味（黎大勇供图）

图 2-2　令人陶醉的午饭（崔滢供图）

原来金丝猴的胃部结构比较特别，在其前部有一类细菌，树叶通过口腔被简单咀嚼后进入胃部，然后在胃前部细菌的帮助下开始发酵，树叶中的植物纤维被分解，树叶被软化后发酵进一步分解、消化，进入肠部，最后被吸收。由此可知，金丝猴消化吸收树叶甚至树皮等植物成分的过程，需要相对较长的时间。胃前部发酵容易引发打嗝，所以金丝猴是很容易打嗝的。

我们知道，树叶中的蛋白质含量很少，只是糖类物质相对丰富而已，所以属于低质食物，这迫使金丝猴需要摄取大量的树叶，但金丝猴可不是"大胃王"，它们的小胃容不下那么多的树叶，并且吃到肚子里的树叶要在胃中停留很长的时间才能消化掉。该怎么办呢？那就要一次不能吃太多，不停地吃，尽量不做剧烈运动，多休息，正是这样的食性和习性使金丝猴落得个"懒散少动"的名声。

虽然金丝猴所食的树叶种类有上百种，但是只吃树叶似乎还是太单调了，偶尔也要吃点"零嘴儿"。

三个地区的金丝猴种群，其食谱绝大多数都是一样的，但是聪明的它们也

17

图 2-3 探头探脑(崔滢供图)

图 2-4 该从哪先下口呢?(崔滢供图)

会因地制宜地发现一些新的食物,可以称得上是"创新"的典型。曾经有报道称,金丝猴会捕食幼鸟,掏取鸟蛋,甚至还能攻击路过的黑斑羚、野猪,等等。虽然这种捕食现象在金丝猴身上极少发生,而且成功率也不高,但是在神农架自然保护区的野外观察人员跟踪猴群的过程中确实发现,凡是金丝猴经过的地方,所有建在树上的鸟巢都有被破坏过的痕迹。这样"捣蛋"的金丝猴真是让人又爱又气! 目前对金丝猴捕食动物性食物的研究尚处于初级阶段,而其过低的捕食效率,也很难使我们将动物性食物草率地归入金丝猴的食谱之中。所以,金丝猴仍属于素食主义者,且在植食性上它的确是一个广谱觅食者。

金丝猴一年四季的食物不是固定不变的。在春夏季节,树叶较为丰富、鲜美,因此常成为它的主食;秋季食物丰富多样,花楸、海棠、假稠李、猕猴桃等的果实都是金丝猴喜欢的食物;冬季食物缺乏,金丝猴主要啃食青荚叶、猕猴桃、野樱桃、椴木、三叶木通等木本、藤本植物的休眠芽及外皮等。松萝,是

掘土寻食——金丝猴寻食有妙招?

2006年3月至2007年5月,一批科学家对云南塔城一个滇金丝猴群进行了连续跟踪,旨在调查其生境利用情况。在此期间,他们发现滇金丝猴有掘土行为。它们到底在找什么呢?

2006年6月16日,科学家首次发现一只金丝猴刨出一种球状物,并看到其将掘出物吃下。由于当天未带相机没有照片确认,但在该地点记录了5只个体的挖掘过程。2007年5月4日,在另一地点,他们终于拍到了掘出物的照片。照片显示,掘出物是植物球茎,而这种行为是金丝猴的一种采食行为。虽然这种行为发生多次,但真正记录下来的次数并不多。这主要是因为直接对金丝猴进行观察有一定的困难。虽然在地面觅食很危险,但是还有雌猴携带婴猴来挖掘食物,这也可以推测出,球茎植物是它们比较喜欢的一种食物种类。

与之相比,生活在非洲稀树草原上的狒狒喜欢掘食草根。这种草根在其食谱中占有相当大的分量,它们挖掘草根常常会花费数小时而且是主动寻找采食。不过,在金丝猴的食谱中,这种挖掘出来的球茎植物所占的比例是比较小的,可能也是因为挖掘的成功率比较低的缘故吧。(据任宝平、李明、魏辅文资料整理)

神农架保护区森林分布最广泛的地衣类寄生植物,也是神农架金丝猴冬季的重要食物。

研究动物食性并不是件简单的事情。如果你认为,只要将望远镜一支,录像机打开,动物的食性就能从金丝猴的影像中体现出来,那就大错特错了。科学研究的过程,是探索规律、寻找"是什么"的过程,但同时更是挖掘"为什么"的过程。以滇金丝猴为例,它们会生活在海拔高达2000米的地方,冬天气候寒冷,食物供应量和丰富度都会锐减,但为什么它们仍

图 2-6　吃货专属

都是我的，都是我的……

吃货专属

图 2-5　吃得相当投入（崔滢供图）

然固守着自己的那片土地，不愿离开呢？让我们看看科学家是如何解开这个谜团的。

　　除了在野外对金丝猴的摄食行为进行观察外，科学家通常还会通过科学仪器对金丝猴的粪便及寄生虫进行鉴定，对其消化能力进行测定来汇集信息。当科学研究建立在科学的采集步骤之上时，所得结论就更加靠近真实的自然规律了。科学家们曾认为"冷杉"

是滇金丝猴的主食，这是一种广泛分布于高寒地带的裸子植物，但是部分科学家在观察大群的金丝猴取食时发现，滇金丝猴在冷杉树上，经常会折断约 30 厘米长的冷杉枝，并习惯将树枝的叶背一面转朝上，然后用灵巧的"手指"择出枝杈间附生的松萝，并未看到它们食用冷杉叶。这是偶然吗？并非如此。经过大量的观察发现，这种现象非常普遍，地上的嫩枝尖中，在断口附近有约 1

厘米的冷杉树树皮,并且数量达到70% ~ 80%。通过其他的科学途径,科学家也得出了相似的结论。于是科学家开始提出质疑,到底什么才是滇金丝猴真正的主食呢?最后的测定是被子植物。但另一个问题又出现了,被子植物出现在热带和亚热带地区比较多,为什么那里没有出现滇金丝猴,而皑皑积雪的白马雪山却出现了这么多可爱的精灵呢?科学的探索就是在这样不断地质疑和解疑中向前推进的。

图 2-7　松萝——我的最爱(任宝平供图)

20世纪90年代中叶以后,年轻一代的科学家进一步深入滇金丝猴生活

表 2-1　滇、川、黔三种金丝猴的食物

金丝猴种类	栖息地	采食的主要种类
滇金丝猴	海拔3000 ~ 4400米的高山暗针叶林带	全年基本上以长松萝为主要食物,辅以各种落叶植物的嫩叶、花和果实,有时会采食竹笋和竹叶
川金丝猴	海拔2000 ~ 3500米的亚热带常绿、落叶阔叶林带,亚热带针阔叶混交林带	主要以落叶乔木的嫩叶和树皮为主要食物,秋冬季多以干果类食物为主,辅以地衣,采食种类近百种
黔金丝猴	海拔1000 ~ 2200米的常绿、落叶阔叶林带	春夏主要取食各种野樱、槭树和水青冈等的叶及花,秋冬主要采食各种冬青、卫矛、木荷的叶

(据史东仇等人资料整理)

21

的腹地,经过系统地观察和长时间地统计分析,发现滇金丝猴在如此高寒的生境能够生存,主要是进食一类地衣——长松萝,这种地衣的生长周期尽管很漫长(约25年),但是其生长条件不受季节变化的制约,对环境因素要求也不高,几乎遍布整个滇金丝猴的活动区域,这也基本上可初步解答滇金丝猴何以会固守在高海拔贫寒生境了。食物的去季节性可表明滇金丝猴的其他生存活动也将摆脱季节的影响,这是滇金丝猴对极端生境的适应的特征表现。值得注意的是,长松萝是一种对环境污染极为敏感的地衣,只在空气质量很好的地方生长,而且高海拔地区更适合其生存,而滇金丝猴以此为主要食物,是否可以证实动物逐食而居的特点呢?还有就是越是高海拔的地方,人类的活动就越少,滇金丝猴所受到的此类影响就越小,以金丝猴怕人的特性来说,它们选择人少的地区生活不也是理所当然的吗?

金丝猴的胃有点"特别"

　　川金丝猴的胃与猕猴的胃在形态上有很大差异。膨大的囊腔,薄薄的胃壁,揭示了川金丝猴的胃对食物进行机械性磨碎的能力较差。由于川金丝猴没有颊囊,又没有像马属动物那样发达的盲肠、结肠结构,而富含纤维素的草、叶、茎、树皮的消化又需要借助微生物的分解作用,这时它的膨大的囊腔恰恰为微生物提供了赖以共栖的环境。从胃壁的组织学结构来看,胃底和胃体中壁细胞极少,所分泌的胃酸自然不会多,而富含壁细胞的幽门部处低位,与上方胃体间形成第二曲,故尽管不像反刍兽那样前胃与真胃有诸狭窄的通口相隔,但它们分泌的胃酸不大可能对处于高位的胃体、胃底中的共栖微生物产生影响。显然,这种巧妙的安排对纤维素的分解极为有利。金丝猴的胃形态及其各部分间的相对位置关系均反映了一种对特殊食物的适应。(据陈嘉绩、陆桐等人资料整理)

第二节　栖身之地

　　"深林杳以冥冥兮，乃猿狖之所居"。这是屈原在《楚辞·九章·涉江》中所描写的金丝猴的生存环境。在古代，人们就发现了金丝猴偏好生活于茂密的丛林。以川金丝猴为例，神农架是其主要的栖息地之一。它是北纬31°唯一的绿洲，已确定的植物物种有3283种，传说中的华夏先祖神农氏在此地尝遍百草，留下了许多神奇的故事。神农架海拔最高为3106.2米，平均海拔也有1700米，为华中第一高峰，也被称为"华中屋脊"。神农架正位于中纬度的亚热带季风区，最突出的特点就是气温偏凉且多雨，又因为一年四季都受到湿热的东南季风和干冷的大陆高压的交替影响，以及高山森林对热量、降水的调节，

图 2-8　美丽的神农架(崔滢供图)

图 2-9 饮水（崔滢供图）

形成了夏无酷热、冬无严寒的宜人气候。然而如果纵向来看这里的地貌，你就会发现另一幅景象。如果从山脚走到山峰，你可以亲身体会到温度随海拔的升高而降低的特点，也就是说在一座山上你可以感受到一年四季的变化。这里的金丝猴大多集中在山麓中海拔1800米的山林深处，随着季节的变化，也会上下迁移。与之相比，滇金丝猴分布的范围就缩小很多了：从东边的金沙江，到西边的澜沧江，最北到达的纬度是北纬29°20′，最南的纬度是26°14′。而最为稀少的黔金丝猴，其栖息地就更

加小了，主要集中在贵州梵净山一带。

野生动物的栖息地是其生存的首要条件，动物从中取得全部的生存资源，最重要的一般是水、食物、隐藏地和繁殖场所等。每一种动物都有其特定的生态习性，需要选择符合其需要的环境。金丝猴也不例外。以黔金丝猴为例，其食物主要是植物，温度要求不能太寒冷，湿度要比较高，隐蔽性要比较好，繁殖区域要远离人群，避免受到干扰。而梵净山则正好符合这几个条件，因此，金丝猴将其作为栖息地繁衍生息。以此类推，其他两类金丝猴也是根

表 2-2　金丝猴的栖息地范围

金丝猴分类	栖息地范围	面积（公顷）
川金丝猴	岷山、邛崃山、大雪山、小凉山、秦岭、神农架、摩天岭北坡等	19 781
黔金丝猴	梵净山	413
滇金丝猴	云岭山脉主峰两侧的高山峡谷，向北到西藏境内宁静山	20 000
东京金丝猴	越南北部宣光省和被太省之间狭窄的石灰岩山地	285
怒江金丝猴	中国怒江和缅甸接壤的小范围亚热带山地林带	不详

图 2-10　地面活动（崔滢供图）

据环境选择了适合自己的"住所"。

我们来认识一下金丝猴的栖身之所吧！

金丝猴是典型的树栖型动物，可是近些年来，人们不断发现它们有下地的行为。难道是树上呆腻了，想到地上散散步、接接地气？或是来地面寻找新的食物？也或者只是为了在地面结识些新伙伴？科学家开始对这种现象进行研究。

对于金丝猴下地的原因，科学家有两种猜测：第一种认为导致金丝猴下地的主要原因是树木稀疏，它们无法从树上通过；第二种认为下地是为了觅食。根据川金丝猴活动的特点，科学家选取了四处样本地进行观察，结果发现：到地面活动的个体绝大多数是成年雄性；金丝猴下地活动的频率与林下空地的相对面积呈正相关，即树间距越大，林下空地越开阔，金丝猴下地频率越高，且活动以移动为主。虽然科学家没有完全确实的证据来证明导致金丝猴下地的主要原因是树木的数量减少了，但在一定程度上可以说明，树木数量的减少的确会影响到猴群的生活习惯。

科学放大镜

什么是垂直分布带？

以黔金丝猴栖息地为例。黔金丝猴的栖息地属于亚热带常绿阔叶林带，植物种类繁多，由于山地的原因，此处植被带呈垂直分布，可以划分为3个植被带，即低山常绿阔叶林和暖性针叶林带（海拔1300米以下），中性常绿、落叶阔叶混交林和温性针阔混交林带（海拔1300～2200米），寒温性针叶树的针阔混交林和亚高山灌丛草甸带。黔金丝猴主要是在1000～2200米约340平方千米的范围内活动，其主要的栖息地位于海拔1300～2000米的常绿、落叶阔叶林带内，面积约260平方千米。为黔金丝猴提供主要食物的植被是：亮叶水青冈林；水青树、槭树、野樱林；杜鹃、槭树矮林；杜鹃矮林；针叶林；黔椆林。（据杨业勤、雷孝平、杨传东等人资料整理）

第三节　树上的精灵

人们称金丝猴为精灵，可是有原因的。接下来，我们就进入它们的世界，看一看调皮的金丝猴为什么会被冠以"树上精灵"之美誉。

安静的树林中，不时地传出"哗哗"的树叶响动的声音，定睛一看，只见矫健的金丝猴们正从一棵树向另一棵树飞跃。它们将前肢伸展开，为了准确落下，会在飞跃之前身体前后摇荡数次，使树枝摇动并具有所需要的弹力。攀爬或行走时，四肢着地。金丝猴之所以能够在树上灵活地攀爬跳跃，那条长长的尾巴可谓功不可没，那可是其平衡身体的秘密武器哦！金丝猴在很小的时

图 2-11　纵身一跃（崔滢供图）

候就可以借助树枝藤条从一棵树跳到另一棵树上了。尤其是在它们从山上向山下走的时候，这种跳跃的方式用得最多。远远看去，两三次就会换个攀爬的方式，好生娴熟！

除了在树上悠闲行走外，调皮的小猴也会到地上玩耍，尤其是在冬天，可以在地上看到很多金丝猴留下的脚印。为了获得更多的食物，小猴要在地面上挖掘和寻觅，有时甚至要走很长的时间。川金丝猴在活动上有一个不同于一般疣猴的特点。它每天的游程一般在1～1.5千米，若遇到敌害惊扰逃遁的时候，一天最多可行30～40千米。但是在天气不好的情况下，每天的游程较短。曾经有记录表明，在神农架，没有任何外界干扰的情况下，猴群在观音洞附近徜徉了10余天。

金丝猴的生活可以说是"动静结合"。看过了活泼调皮的金丝猴，下面我们就来看看安静时它们的样子吧。金丝猴有一个雷打不动的生活习惯就是"午休"。是因为它们整日攀爬树枝太累了，需要歇歇吗？如果你认为是这样的话，那就错了。其实，并不是所有的灵长目动物都有这样的生活习惯，午休与金丝猴的"食性"密切相关。在前面我们已经提到了，金丝猴的主食是树

叶,而树叶所含的营养比较少,对于小胃口的金丝猴来说,只能通过少吃多餐,并辅以大量的休息来补充足够的能量,所以金丝猴每天雷打不动的午休,也就不足为奇了。

金丝猴的睡姿千奇百怪,并且在短暂的睡眠时间中会不时变换。有时,小猴趴在树枝上,随着树枝晃动,不但不会被惊醒,反而睡得更加香甜。之所以可以在摇晃的树枝上安稳地睡着,完全得益于金丝猴臀部上两块并不发达的胼胝体,其极强的抓握能力为它们提供了强大的力量,让它们荡秋千式的睡姿得以保持。

清晨,阳光穿过茂密的森林,洒在金丝猴的身上,它们睁开惺忪的睡眼,开始了美好的一天。

觅食是一天中最重要的事情了,树叶、坚果,甚至是鸟蛋,都可以让它们美餐一顿啦!

吃饱喝足,午休时间到,有的坐在树枝上,有的躲在妈妈怀里,有的互相簇拥着,好惬意啊!

傍晚,夕阳已经落山了,小猴们还在奔跑嬉戏,猴妈妈在给丈夫理毛,等待夜晚的到来。

图 2-12 身手敏捷(崔滢、蔚培龙供图)

金丝猴的日活动规律

野外调查的结果表明:黔金丝猴按照昼出夜伏的规律进行活动,其日活动包括:晨起—游走—摄食—休息或小憩—游走—摄食—午休—游走—摄食—休息或小憩—游走—摄食—游走—进入预定夜宿地—夜宿等过程,其中还有梳理、嬉戏和饮水等表现。其中午休是每天必不可少的行为,时间很长,一般不少于4个小时。这在其他金丝猴中也是相似的。

关于游走活动,我们要重点观察一下,因为在一天当中,金丝猴会有4~5次的游走活动。以黔金丝猴为例,第一次游走是在晨起之后,夏天基本上是在6:00左右,冬季最迟是在8:00。这主要取决于天亮的时间,天亮与否是金丝猴判断晨起与否的根据。有一点很明显,即在同一季节中,阴天要比晴天晨起得晚一些。一天中,以午休时间为临界点,金丝猴群体会表现出两个大的游走时段。第一次大的游走就是为了进食和到达午休地点。而第二次大的游走则是为了进食和进入既定的夜宿地点。在游走的过程中,猴群的主要表现是走动,其间有部分猴子采食、梳理、嬉戏、打闹以及观望。第二次游走是在午休之后,最早的时间是在冬季雪天的14:00,最迟是在夏季晴天的15:30左右,此次游走的活动与晨起之后的活动内容大致一样,只是更加明显一些。第三次游走是群猴在夜幕降临前寻找夜栖地的转移,最早的时间在冬季雪天的16:30,最晚是在夏季晴天的19:30。此次的游走,更加有目的性和方向性,即向山谷和平缓山坡的树木稠密、隐蔽性好的常绿阔叶林内漫游,并比一天中各次游走的时间都要长,移动的距离也比较长。第四次游走是猴群寻找完夜宿地之后,在无动静中的"秘密"转点。这次游走最为特殊,在快到夜间栖息地前半个小时左右,猴群都在大声喧闹,突然静止下来后,整个猴群,包括最显眼的雄猴也一起潜入树冠内,全部猴群再静悄悄地在林冠层内移动数百米,再停下来栖息。这是一天中最安静的一次游走。银色的月光洒在森林里,静谧、祥和,猴子们三三两两抱在一起,做着美梦。

来看看具体的时间安排吧！在全国强老师的研究中,有着对滇金丝猴日活动时间的详细记录:它们38.6%的时间在取食,休息的时间是34.7%,运动的时间是10.4%,其他活动的时间是16.3%。不过这些活动也会因为年龄和性别的不同而有所差异。如成年雄猴的取食时间是52%,而雌猴则是55.1%。婴猴55.4%的时间都放在其他活动上(如玩耍、理毛和被成年猴照料等)。(据杨业勤、雷孝平、杨传东等人资料整理)

图 2-13 相亲相爱(蔚培龙供图)

图 2-14 闭目养神（崔滢供图）

第四节 "鬼精灵"的淘气事

有"鬼精灵"之称的金丝猴,有时会让你又气又笑。在一本书上看到这么一则故事:一批科学考察队员正往山中进发,寻找猴子的踪迹。当考察队员们急急忙忙赶路时,突然带队的先锋队员小声向大家说:"嘘……来了,别走了!大家赶快藏到大树后边去!"于是,大家全部藏起来,谁也不做声,仔细看着。

果真,从山崖的大松树上出现了几只金丝猴。其中有一只体型特别大,全身披着金黄色的长毛。它飞快地爬上树顶,向四周望了望,见没有什么动静,便直接坐在树枝上观望,基本上不发出特别的叫声。随后,其他个体,或大或小、或雄或雌,纷纷跑了出来,在周围各自活动,或进食、或拥坐、或玩耍、或休息、或相互理毛,金色的皮毛在阳光的照耀下显得特别好看。偌大的一片森林瞬间充满了金丝猴的欢叫声和劈啪劈啪的细树枝被折断的声音。这时,一

图 2-15 "鬼精灵"(一)

图 2-16 "鬼精灵"（二）

位考察队员看得太高兴了,不小心稍微动了一下,虽然离猴群很远,但还是被聪明机警的它们发现了。只听"家长"立即发出"Wuga——Wuga"的报警声,霎时间猴群的喧闹声戛然而止。首先发现情况的金丝猴和一些年纪较小的个体会爬到更高的树杈上,仔细朝声音的传出地观望,等确认发现有人时,会发出特有的警戒叫声。若这时人没有做什么其他动作或再发出声音,一般来说,这些警戒的金丝猴就会坐下来,但会一直看着这边人的动静。此时,其他金丝猴有的坐在大树枝上,有的靠在大树干上,有的用树枝盖住自己的身体,不让人们发现它们。考察队员谁也不敢动了。过了一会,有几只金丝猴在附近的树上试探。先是折断树枝,见没人动,就会坐下休息;或者进食,但是一刻都不会放松地监视着人的动静。考察队员们一动不敢动。有一个队员的衣服都被金丝猴尿湿了,也没敢吱一声。猴群见情况正常,没有什么危险了,这才"解除"了警报,又开始正常玩耍了。

本来是要去观察猴子的,到最后却被它们耍弄了一番,真是让人又好笑又无奈啊!

图 2-17　吐舌头(崔滢供图)

科学放大镜

情感性动物——金丝猴

金丝猴总是在习性方面流露出"感性"的一面。1970年,四川白河自然保护区的工作人员给成都动物园捕捉金丝猴。一次,从猴群中捉到了两只成年雄猴,于是就地圈养起来。刚开始的时候,两只金丝猴互不打架,但也互不亲近。大约一个星期之后,其中的一只金丝猴患了肺炎,精神萎靡不振。另一只金丝猴将两脚分开,面对面地将这只病猴紧紧抱住,颇有体贴抚慰的姿态,并且每天拥抱的时间都持续很久。有时,未生病的一只猴去吃食,动作稍微迟缓一点,病猴就蹒跚地走到这只猴跟前,用前肢去揪其大腿,正在取食的猴也不再吃食了,赶紧抱住病猴。也许这种动作能够给病猴一些安慰吧,病猴就会在另一只猴的怀抱中安静下来。

一次,有人在白河保护区捉到8只金丝猴,其中2只是幼仔,每当人一接近,大猴不论雄雌都立即抱起小猴,很多只大猴抱成一团时,总是把小猴挤在最中心,常常可以听到小猴因为被用力抱紧而发出的尖叫声,管理人员为了小猴的安全,不得不将其分开喂养。这种疼惜下一代的心情无论在人类当中还是在猴群中都可以感受到。(据史东仇等人资料整理)

图 2-18 我很感性(崔滢供图)

第三章 “家庭”生活

第一节　欢乐家庭

在神农架山林中,有一金丝猴群和谐地生活在这里。这群金丝猴是由7个家庭组成的。猴群中的领袖常警惕地蹲坐在山上最醒目最高大的红桦树上,俯瞰整个山谷。

金丝猴是典型的"群居式"动物,它们在行动上就像一个和谐的团队,这个团队是由一个个小家庭组成的。每个家庭由一只雄猴、多只雌猴、若干只小猴组成。大家一同吃饭,一同休息,一同前进,一同嬉戏,共同组成了森林中的"精灵部队"。1980年,胡锦矗等人报道:"金丝猴的种群是以老、中、青、幼,4类个体组成家庭性的社群,各地各社群之间,社群的结构和数量亦有不同,如鱼丝洞的金丝猴社群约200只,而臭水沟社群可达600余只。除此之外,也偶尔见金丝猴有单只雄猴,或两三只雄猴

图 3-1　群居生活(蔚培龙供图)

图 3-2　三口之家(崔滢供图)

离群活动的。"后来的科学考察表明，臭水沟金丝猴群体也就200多只，估计是作者的笔误所致，因为目前的研究并没有发现过川金丝猴可以聚群达600只的。而200只往往是金丝猴野生群体分群的一个近似临界点，这预示着该群体随时会分成两个独立的群体，在两个不同的区域内各自活动。

有人不禁要问了，科学家是如何知道猴群的数量的呢？难道是趴在树林里一只一只地数出来的？下面我们就以对滇金丝猴群的数量分析为例，帮你解开这个谜团。我们都知道滇金丝猴

图 3-3 草丛中的痕迹（崔滢供图）

主要在密林深处活动，那里的能见度极其差，尤其是在雨季的时候，比较开阔的观察点不多，如果一只一只地去查，实在是难以计算清楚。此外，这些精灵们经常神龙见首不见尾，在森林里若隐若现，很难见到。有时候，连续跟踪一个猴群一两个月，也不一定能有缘见到它们的真面目。聪明的科学家想出个好办法：他们选择猴群群体移动，经过宽度在5米以上的无树林干沟或者石崖的时候，利用双筒望远镜来观察其数目。此时，得到的数目也只是个大概，毕竟是在150米以外的地方观察的，难免与实际数目有出入，且有时一些雌猴会载着自己的小宝宝，离得一远，科学家更没有办法辨别清楚只数了。他们只能再根据整个过程中所观察到的猴群活动状态和活动痕迹，比如粪便数量及分布、攀着的树枝及遗弃的食物等因素，从而得出一个比较客观的数字。

这个过程说起来容易，但真正实践起来需要科学家有足够的耐心和毅力。

第二节 雄猴——家里的顶梁柱

正如上文所提到的,金丝猴在野生条件下经常集聚成群,差不多有上百只。每个家庭中,都会有一只成年雄猴,它是家中的"顶梁柱",拥有绝对的权威地位,对众多的雌性金丝猴有着厚此薄彼的现象。有时候,被冷淡的雌性金丝猴难以抵抗其他群体中成熟雄性的"交配信号"的诱惑,趁雄猴不注意的时候,前去与之亲热。一旦"偷情"的行为被发现,雄猴就会用暴打的方式来警示"第三者",但是不会惩罚雌猴,大概是因为雄性的天性使然吧。

科学放大镜

抵御天敌——合纵连横,有合有分

在规模庞大的川金丝猴群中,个体或群体之间经常相互联合,以对付共同的敌人或协同处理棘手的问题。但有趣的是,相对于黑猩猩和猩猩而言,川金丝猴的联盟是暂时的、不稳定的,一旦利益关系发生变化,联盟将随之瓦解。在神农架林区,川金丝猴的天敌主要有狼、豺、云豹、灵猫、金雕和鹰等。尽管这些天敌通常不会对成年川金丝猴构成致命威胁,但对幼体的危害非常大。当有天敌出现时,所有的川金丝猴就会联合起来,一同抵御入侵者。2008年4月的一天,笔者在投食场后面的山坡上跟踪观察金丝猴。突然,几只亚成年个体快速上树,发出"呜嘎……"的报警声,原来一只鹰正在低空盘旋。三位"家长"顿时朝同一方向上树,晃动树干,试图吓走那个不速之客。全雄群的"单身汉们"也个个摩拳擦掌,朝着鹰发出"咕咕……"的威胁声。鹰可能觉得寡不敌众,只好放弃这次行动,待寻下一个目标。(据《金丝猴的恩恩怨怨》一文整理)

作为家中的顶梁柱，雄猴总是尽职尽责地守护着自己的家庭。在白天，雌猴与雄猴相拥而眠，然而到了夜晚，雄猴会选择单独睡眠。我们知道，夜间是很多肉食动物觅食的时间，几乎无攻击性的金丝猴很容易在夜间遭到其他动物的攻击，如果雄猴在此时选择与其他猴相拥而眠的话，很有可能因为降低了警觉性而受到其他动物的攻击。作为"顶梁柱"的雄猴选择单独睡眠，这样就可以更好地应对夜晚的危险，避免家庭受到攻击。

图 3-4　威武雄姿（蔚培龙供图）

第三节　雌猴——伟大的母亲

夜幕降临,银色的月光洒在树林里,微风吹过,只听到沙沙的响声。5月是雌猴产仔的时候,在夜色的掩护下,雌猴独自找到一个大树杈,蹲坐其上,开始漫长的分娩过程。它因身体的阵痛开始坐立不安,时不时发出呻吟声,一手扶着树干,一手摸着自己的肚子,还不时地四下张望。当胎儿露出半个头时,它便试图用双手去接婴猴。夜越来越深,森林里的动物早已进入梦乡。雌猴用尽全身力气将婴猴娩出,然后把它安放在自己面前的树枝上,让它抓住树枝,再把脐带一口咬断,微风里有阵阵的血腥味。之后,雌猴拉扯脐带并将胎盘拉出,边拉边吞脐带及胎盘,然后将滴落在树枝上的血也吃掉。此时的雌猴已经筋疲力尽,抱着刚出生的小猴离开分娩的树杈,找一个地方坐下来休息。风停了,一切又恢复了平静。

天亮了,太阳照进郁郁葱葱的树林,猴群其他成员突然发现多了一个新成员,都好奇地围了过来。新的婴猴毛色是灰黑的,与其他的猴完全不同,猴群围坐在雌猴的旁边,其中有一只猴特别好奇,还想试图伸手摸一下小婴猴,但是立刻被雌猴阻止了。即使这样,猴群仍然不愿离开,瞪大眼睛看着这个灰灰的新成员。

金丝猴中有一个很普遍的现象被称为"义亲行为"。在一个家庭中除了金丝猴妈妈之外,还有很多其他的雌金丝猴,它们会主动担负起照顾婴猴的重任。据研究得知,这样的行为是社会性群栖动物母性的充分体现,是对幼仔成活及健康发育提供保障的补偿性机制。通过这种机制,无疑对充当"阿姨"的雌猴和被呵护的婴猴都是有益的,特别是在一些极端异常情况下,如雌猴的

图 3-5　哺乳（崔滢供图）

图 3-6　爱抚（崔滢供图）

新生幼仔夭折后，它可以通过义亲行为来满足雌性的心理和生理需要。对婴猴来说，出生后若遇母乳短缺、不善哺育的母亲（特别是初产的低位雌猴），甚至母亲意外死亡等母仔分离的情况，其生命和成长可以因受其他雌猴的关怀而得到保障。从群体生态学角度来看，义亲行为对种群的稳定、发展和延续起着重要作用。但是，问题也同时存在。很多雌猴也许只是出于好奇而争抢携带婴猴，但因为有些雌猴没有足够的经验，这不但不利于对婴猴的照顾，反而会对婴猴造成更大的危害，甚至死亡。"好心办坏事"也是常有的。因此，婴猴从出生到半个月的时候是其死亡率最高的时候。

哺乳期间，雌猴会受到雄猴的特别爱护。一次，一只雌猴带着一只小猴在一棵冷杉树上取食，一只雄猴闯入猴群，刚好走到这只雌猴和小猴的身边，大雄猴立刻将这个"不速之客"撵走。这一整天，它都坐在雌猴的跟前，很少去取食，有好几次还替雌猴拿去背上的树枝。看来有时候母凭子贵在金丝猴

金丝猴的繁殖

川、滇、黔三类金丝猴由于栖息地不同,在繁殖规律上也有所不同。黔金丝猴的栖息地小而且集中连片,野外生存的黔金丝猴全部集中在梵净山保护区内,并且种群数量也远较其他两种金丝猴少。另外由于梵净山的最高海拔只有2570余米,黔金丝猴生活环境的海拔较滇金丝猴的低,但和川金丝猴的栖息海拔相似。更为重要的差异是黔金丝猴生活在亚热带地区,食物种类和丰盛度远超川、滇金丝猴。因为川、滇金丝猴生活于暖温带和寒温带,它们取食的植物种类与黔金丝猴有很大的差异。栖息地环境的差异显然造成了黔金丝猴在繁殖时节上有异于其他金丝猴:一般来说,纬度越高,生殖期越靠后。

聪明的金丝猴为了保障种群的质量,有一个极好的办法。在繁殖群内生存的雌猴不会离开猴群,均在家族内生活,而雄猴除了在家族首领竞争中失败后有可能进入全雄群或者离开猴群,在繁殖群内出生的雄性黔金丝猴在进入亚成体年龄以后,都会被陆续赶出家庭群,进入同一个大群中的另一个团体——全雄群。

金丝猴属于长寿命的动物,其发育期较晚,雌猴一般4.5岁前后进入生育期,而雄猴在8岁才真正达到性成熟。雌猴两胎之间间隔较长,达3年之久。但如果幼猴死亡,雌猴多数能在第二年产仔。但金丝猴自然群体的增长并没有因此而变得缓慢,如果群体大小正常(100只左右),那么其将长期维持在这个规模,显示出猴群极好地利用和适应环境的能力。(据杨业勤、雷孝平、杨传东等人资料整理)

群中也是适用的呢!

断奶是小猴进入一个全新的成长阶段的重要标志。虽然母亲非常疼爱自己的孩子,想用甘甜的乳汁让小猴继续享受"特殊待遇",但是为了在交配季节顺利怀孕、延续后代,只能狠心地将小猴推开。可是"郁闷"的小猴不依不饶,直往妈妈怀里钻。这个时候雌猴便会将小猴抱在怀里,给它理毛。有时,小猴会自然地接受理毛,久了,便忘记了吃奶的事情。有时,小猴会不停翻筋斗,跟妈妈闹脾气,雌猴便不再理会,任由它撒娇。时间长了,小猴见雌猴不再为它的撒娇所动,便也逐渐放弃了吃奶的念头。

图 3-7 理毛(蔚培龙供图)

第四节　兄 弟 姐 妹

"一山不容二虎"，随着家庭中的小雄猴逐渐长大，它们的何去何从问题就日益显现出来了。断奶之后的小雄猴，或者自行离开母亲，或者被其他家长驱赶到属于自己的组织——全雄群。全雄群是一个特殊的群体，个体之间几乎没有约束力，可以说是个松散的团体。正是这样的一个社会结构成了小雄猴的成长乐园和老弱雄猴的收容所，再加上一些中青年雄猴，俨然是一个老中青俱全的团体。先看看小雄猴的境遇：没有母亲呵护的小雄猴，要试着学习如何与其他雄猴交往，如何自力更生地去面对生活中的一切苦难。因为小雄猴年幼体弱，对其他个体不会构成威胁，反倒会得到老雄猴的青睐，与之组成小团队，使得它们的社会地位并没有因为离开家庭和母亲而大跌大落。再看老雄猴，年龄虽然相对大了些，但气势依旧，有的个体仍保持着优势，进而保护一些小雄猴不受欺负。最后就是年轻的雄猴和被打败而受驱逐的小家庭主雄，它们几乎是全雄群的"王者"，不受群中个体的欺负，且经常围着一些实力弱的小家庭群转悠，伺机夺取主雄地位。它们的存在保证了家庭群体对全雄群无攻击性，间接维系了全雄群的稳定。

家庭中的雌性小金丝猴逐渐长大，也要开始筹建自己未来的家庭了。为了避免近亲繁殖，它们会主动邀配家庭外的雄猴，或者全雄群中的雄猴会主动诱惑雌性金丝猴。经过了"眉目传情"的阶段后，家庭中的大雄猴只得看着自己的女儿外嫁给其他的大雄猴，它们知道"女大不中留"，挡也挡不住啊！但仍然有一个例外情况：如果小雌猴在性成熟之前，它的父亲被其他的雄猴打败

图 3-8 哺乳期中的小猴(崔滢供图)

了，那么这只小雌猴就可以留在这个小家庭之中了，和它的母亲在一起。这在金丝猴社会组织结构中被称为"雌性居留"现象。但究竟是"居留"多一些还是"外嫁"多一些，目前还没有定论。这种现象在川金丝猴和滇金丝猴中都很常见。

青少年时期的金丝猴除了睡觉、休息和吃食之外，主要是游戏。游戏行为可以帮助个体学习社交技巧，学习控制攻击行为，为日后建立等级关系打下基础。所以小猴之间的打闹看似简单，实则是它们之间的一种社交行为。通过科学家对猴群集体活动的记录，发现它们之间有很多挨坐、理毛、拥抱等行为。就是在这些行为中间，它们逐渐学会了许多社交技能。逐渐地，它们开始适应这种集体生活，并且在交流的过程中产生了等级。它们并不像人们想象中的那样，整天打斗，然后按胜负论英雄、排座位。打斗时而发生，但多数是发生在互相不熟悉的同性个体之间。比如外群潜入的个体，由被取代或被打败而进入全雄群中的个体，因为生活中

争抢食物、有利的空间位置、玩伴等会和一些身体状态相似个体发生冲突，导致打斗，最后决出胜负。如果两者势均力敌，那么这将意味着会在全雄群中出现一个新的小团队。这也是很正常的一种社会组成方式。

图 3-9 "成双成对"（崔滢供图）

49

图 3-10　雄猴群(蔺培龙供图)

我可不是"玩玩"的哦！

金丝猴的玩耍行为主要集中在青少年时期，表现形式有追逐、扭打、摔跤、跳跃等。根据物种的不同，玩耍也存在着一些不常见甚至是该物种特有的行为表现。例如，倭黑猩猩的喘气、黑猩猩的打滚、长尾猴的单足跳，等等。那么，川金丝猴是不是也有自己的特殊玩耍行为呢？科学家经过观察，发现川金丝猴有五种玩耍行为：追逐、摔跤、接近、撕咬及其他。它们的这些行为有什么特点呢？这些玩耍是不是就是单纯的打闹呢？

观察结果显示，川金丝猴的社会玩耍行为在春季和冬季发生的频率要高于夏季和秋季。这可能与季节环境有关。春天的时候，植物长出新的叶芽，能够给猴群提供充足的营养，补充玩耍所需要的能量。而冬天，金丝猴要通过玩耍产生的热量来维持正常的体温。另外，1~2岁的川金丝猴中，雄性个体比雌性个体更喜欢与青少年个体玩耍，并且也更喜欢激烈的玩耍行为。看来"男女有别"从娃娃时期就能够看出来了。原本科学家认为，猴妈妈经常携带自己的孩子行走，所以青少年的猴应该与猴妈妈玩耍的机会更多一些，但是观察结果表明，青少年个体选择与自己同伴玩耍的频率要更多一些。看来，不仅仅在人类社会存在"代沟"，金丝猴的世界里也有这样的"代沟"啊！

通过这样的玩耍，不仅促进了金丝猴身体机能的发育，锻炼了它们打斗的技巧，更重要的是在这个过程中，增进了玩伴之间的友好关系，促进了个体间联盟关系的形成。看来聪明的金丝猴从小就开始建立自己的小团体了！（据王晓卫等人资料整理）

图 3-11 岸边嬉戏(崔滢供图)

第四章　猴社会

第一节 猴群的声音

茂密的森林中,总是能听到猴群长长短短的叫声此起彼伏,好像在交流着什么。在没有任何现代通信工具的树林中,叫声成为了最重要的联络方式。不同的叫声表达的意思是不一样的,让我们走近猴群,听听它们是如何对话的吧。

在20世纪80年代,就已经有一些学者开始研究金丝猴的叫声了。有科学家对神农架的金丝猴的叫声进行了记录与分类,他们发现,猴群在嬉戏、觅食、休息等安逸自然的状态下,会发出悠悠的"O……"的声音;但在遇到异常情况时,就会发出"Wu-ga"的惊呼声,比如在发现敌情时,它们就会向群内个体发送警戒信号,不时地发出"Wu-ga"的声音,但对群外个体发出的戒备声则为"Wangwang";高位者向低位者发出的训斥声为"Gugu";最为温柔的、缓慢的声音则是雄猴向雌猴求爱时发出的,好像在亲切地诉说着甜言蜜语。小猴是最活跃的,它们乐于腾跃、攀缘、玩耍,其叫声也最为清脆。

研究者认为山林中的金丝猴的叫声如此频繁,主要是因为山林中地形多变,视线范围狭窄。这些因素极大地阻碍了个体之间利用视觉交流信息的可能性,加上猴群数量非常庞大,很难让它们之间的信息交流顺畅,更别说统一步调了。因此,通过声音来进行信息的交流是最佳的方式。

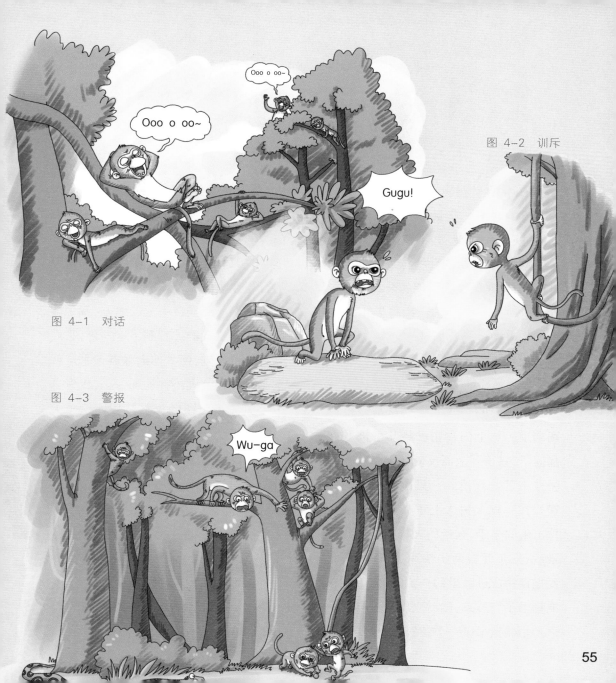

图 4-1 对话

图 4-2 训斥

图 4-3 警报

55

第二节 猴群中的社会行为

10月,金丝猴迎来了一年中果实最为丰盛的时节。坚果和树叶在猴群前进的过程中不断地被消耗,随着天气的转冷,金丝猴喜欢的食物越来越少。这时,游荡在猴群家庭周围的全雄群正在等待时机,时刻准备着"翻身做主人",攻击猴群中的最高首领。且因为大多数果实和种子是掉落在地面上的,所以金丝猴下地活动的次数也越来越多了。

猴群中的一些大雄猴总是显得特别霸道。树上的食物已经几乎被猴群翻遍了,只得到地面反复在折断落下的树枝中苦苦寻找。一只体型娇小的雌猴躲在一棵大树边上正在享用刚刚扒拉出来的果子,远处的大雄猴看到此情景后,三步并做两步快速赶来,就在雌猴把食物放进嘴里的一瞬间,大雄猴一把将果子夺过来,然后立即放进自己嘴里。小雌猴呆了一下,意识到果实被抢

后,马上跳起身子,就要去撵体型庞大的雄猴,为自己的食物被抢"讨个说法"。然而,大雄猴丝毫没有"悔意",继续寻找其他小猴快到嘴的食物。霸道的行为让小雌猴气愤不已,憋足了劲跳向大雄猴。离猴群不远的地方,就是游荡已久的雄猴群。看到了这一幕,它们觉得时机已到,便集体向猴群走来。就在小雌猴扑咬大雄猴的那一刻,雄猴群中一只体型肥硕的雄猴从后面给了大

图 4-4 雪地玩耍(蔚培龙供图)

图 4-5　撕扯（蔚培龙供图）

雄猴重重的一击。短短的5秒钟，纷争就结束了。大雄猴，已不再是那个昔日威风凛凛的首领了。新的雄猴要接替他的位子，重新开启一个猴王时代。

　　像这样的争斗，随时都在发生着，为争夺王位，为获得交配权，甚至为了争夺食物。但这些都是表面现象。在金丝猴的世界里，爱是根本的，恨是暂时的。有一个关于金丝猴的故事：一只名叫"大大"的雄金丝猴，在争夺交配权的战斗中失败了，郁郁寡欢地离开了伤心地。离开了群体的它四处游荡，这时才知道，独闯天下是件多么困难的事情，它便回想起与猴群在一起时的快乐日子。过了两个月，可怜的大大又回到了猴群，但是因为担心大家会不欢迎落魄的它，就远远地躲在一边，不敢走近。后来，猴群发现了它，不但没有冷眼相讥，反而热情地邀请它"归队"，与大家一起生活。金丝猴的这个特性与其他的很多动物都不同。有的动物为了斩草除根，甚至会毫不留情地杀死战败者身边的幼儿。与其相比，金丝猴更加人性化，更加善良。

科学放大镜

川金丝猴社会行为及其动作模式

　　动物的各种行为都是在其演化的过程中为了适应生存环境而形成的。同目、同科、同属的动物会形成基本相同的物种典型行为，但是由于生存环境可能会有许多不同，因此在同属的各种物种中也会形成一些独特的典型行为。科学家在对川金丝猴进行了一系列的观察后，对其行为做了记录和分析，把所观察到的行为分为两大类，分别是社会行为和非社会行为，共54项。（据严康慧、苏彦捷、任仁眉资料整理）

表 4-1　川金丝猴的行为

非社会行为 （个体独处）		独睡、独躺、独坐、独走、独跑、自理（自己理毛）、喝水、寻食以及进食
社会行为 （个体间交际）	亲密	包括趋近、跟随、离开、挨坐、拥抱、抱腰、吻背、理毛、快理、无性爬背、拉手、触碰、张嘴、邀请、目光交流、乞食、游戏、抓拿
	作威	包括作威、替代
	威胁	包括瞪眼、瞪咕、对瞪、正步走向
	攻击	包括赶走、冲向、追赶、抓打、摔跤、咬住
	屈服	包括回避、蜷缩、退却、逃逸
	繁殖	包括匍匐、爬背、插入、抽动、停顿、射精
	母幼	包括哺乳、吸吮、拘捕、抢婴、撒娇

在社会性行为中，还有8项是比较独特的：

快理：这是一种抚慰与和解的行为。例如，两个个体发生冲突之后，冲突的一方有时会给对方进行快速而短暂的理毛，以示抚慰或者和解。这种行为持续的时间少于10秒钟。

张嘴：这种行为在川金丝猴的社会交往中很普遍，是和解行为的重要表达方式。动作模式明显而且单一，就是把嘴张开，但不露牙齿，体态呈平和状态。成年的雄性，尤其是雄性家长，边走边张嘴，以示友好和无害。但是在其他物种当中，张嘴的行为则多表示威胁或者攻击。

瞪咕：这种动作模式在川金丝猴群中非常普遍，是威胁行为的重要模式。某一只金丝猴或者某几只金丝猴对着另外的一只金丝猴瞪眼，并闭着嘴发出咕咕声，发出的声音越长，表示的威胁之意也就越浓烈。这也与其他动物不同，通常其他动物的威胁行为模式都是张着嘴发出呵呵声。

正步走向：某只金丝猴踩着正步、闭着嘴走向另一只金丝猴，表示的就是威胁的意思。

对瞪：这是一种双向威胁行为。一只金丝猴对着另一只金丝猴瞪眼威胁，对方则以瞪眼作为回应，互不相让。这种双向威胁的行为模式，与川金丝猴的社会结构以及社会等级关系特点有着密切的联系。

退却：当金丝猴受到威胁或者攻击后，虽然已处于弱势地位，但它们并未快速逃走，而是面对攻击者向后退，或向后走几步之后又回过身来与攻击者对峙。这是一种不甘心屈服的表现。

蜷缩：此行为与许多其他灵长目物种的呈臀行为在功能上是相同的，均表示屈服。

匍匐：这是川金丝猴群中雄性金丝猴向雌性金丝猴进行的"邀配行为"。这算是金丝猴比较有特色的一个行为，在其他的物种中都没有观察到。

图 4-6　对话（崔滢供图）

第三节　理毛的秘密

吃过早饭,阳光透过层层密林洒在金丝猴的身上,无忧无虑的它们开始了一天的嬉戏时光。三五成群地聚在一起理毛,成了它们交流中最常见的方法。母亲为躲在自己怀里吃奶的婴猴理毛,雌猴为家族中的大雄猴理毛,就连级别相当的年轻金丝猴在一起时也经常会有互相理毛的现象出现。经过科学家的细心观察,这些看似普通的行为中却是有着一定的规律的。

高等级个体理毛的时间付出的少而获得的多,反之,低等级个体的理毛时间付出的多而获得的少。低等级的个体通过付出更多的理毛时间来增加高等级个体对其接近的容忍度,减少或避免其对自己潜在的或实际的攻击,也可以修复双方因为冲突导致的紧张关系。川金丝猴在分配理毛行为中存在一定的策略,不同的个体因为具体的需求不同,导致它们分配策略也是不同

图 4-7　悉心理毛(崔滢供图)

"理毛"知多少

理毛行为是动物行为学研究的主要内容之一。经过科学家的研究发现，相互理毛的行为广泛存在于灵长目动物中，是个体之间关系发展的重要组成部分。理毛行为是指个体对其本身或同种其他个体身体表面(毛发、皮肤或羽毛)各种形式的照看和关注，包括对身体表面有条理的梳理，有时也用嘴唇和舌头舔头发和皮肤。理毛的动作分为舔、滑动、肤浅理毛、抓、擦、拣，根据理毛对象可以分为：自我理毛和相互理毛。

在经营社会性活动的灵长目动物中，相互理毛的行为是出现频率最多、花费时间最长的行为，许多研究表明：相互理毛行为的发生不是随机的，而是有一定的目的性，受亲缘关系、性别、年龄、社会地位、繁殖状况等因素的影响。

关于灵长目相互理毛的功能假说报道很多，广泛的说法有三种：卫生功能假说、缓和功能假说以及联盟功能假说。其中，卫生功能假说最容易验证，而后两种仍待研究。不过，我们仅从字面意思来看，这几个假说其实并不相互矛盾，甚至有相重叠的部分。其实假说也就是目前科学家对某种行为或现象进行各种可能性解释而形成的不成熟看法，它们会在不断的科学验证之中得到改进和完善。这也是科学进步的一种表现哦!(据李银华、李保国资料整理)

的，但是都趋向于将更多的理毛时间分配给对它们来说最有"价值"的个体。

简单的理毛行为中竟然也有这般明显的"等级"之分，我们不得不感叹，金丝猴的社会也有自己的各种有趣的"规则"。

图 4-8 为大雄猴理毛(崔滢供图)

第四节　猴群的迁移

　　由于金丝猴栖息地的气候和环境发生了变化,容易产生近亲繁殖的危害,所以尽管金丝猴仍流连于自己的驻地,但为了继续生活,它们也不得不离开这里。川金丝猴有多种不同的迁移形式:在山林中迁移时,它们经常会呈比较松散的队形,这时以每个小家庭为单位,在迁移的过程中它们还不忘边吃边走,常常利用同一条路线。在它们穿越两山之间的公路或者开阔地时,你就可以一睹金丝猴的全貌了。此时,由于没有高大树木的遮挡,金丝猴们会特别小心谨慎,严密有序。作为附庸者的雄性群,它们会走在大部队的前面和后面,或者边缘。

　　在一次记录中,我们可以清晰地看到猴群中的"先遣部队"、"后卫部队"以及每一个小的家庭单元。其中,迁移猴群中的"先遣部队"都是雄性,据统计,包括50%～65%的成年、80%～100%的亚成年以及24%～34%的青少年雄性。当"先遣部队"走过去之后,接下来就是一个接一个的"后宫式"的家庭。每个后宫式家庭中都有一只成年雄性作为家长。一般来说,家长都走在最前面,它后面跟着几只成年雌性,不到一岁的幼仔通常是被雌猴抱在腹下的,大一些的小猴则被雌猴背在背上,再大一些的子女会跟在母亲的身边,掺在队伍中跟着走。最后,总是有几只雄性作为"后卫部队"压后。在行进中,每一个雄性家长都是领头者,但是在过公路时,家长往往停留在公路当中,左右照顾着它的家人,待家人迁移过去之后再走。浩浩荡荡的迁移井然有序,气势绝不亚于我们人类的家园迁徙。

第五章　金丝猴的保护

第一节　金丝猴所面临的威胁

在我国古代，金丝猴主要分布在秦岭—淮河一线以及其以南、青藏高原以东。北宋的《太平御览》引三国时代《吴录·地理志》记述："建安、阳县多狖，似犬而露鼻……郡内及临海皆有之。"临海是三国时期孙吴的一个郡，由此可以看出，当时在濒临大海的浙江省就已经出现金丝猴了。金华市发现的金丝猴的化石，更进一步证明了古代文献中的记载。

曾经在东海之滨出现过的金丝猴，现在的分布情况如何呢？事实上，金丝猴在我国的分布已经发生了巨大的变化：从"海之滨"的苏、浙、闽已经移到了"山之巅"的鄂西—神农架—兴山一带；以前连片的分布区，现在也逐渐呈斑点状分布。以陕甘地区的金丝猴分布区为例，现在其已经被分割成两个较小的金丝猴分布区，而神农架、梵净山、云岭等地早已成为孤立的岛状的小型区域了。

数量相对较少的滇金丝猴目前的分布区域主要在云南省白马雪山国家级自然保护区中。而在整个滇金丝猴的分布区内，有藏族、傈僳族、彝族、纳西族、白族等少数民族，他们有着传统的狩猎习惯，其中傈僳族的狩猎风俗最为普遍。

曾在一本书上看到这样一个故事：作者的朋友的父亲是云岭山中的老猎人，1958年，全体村民围剿金丝猴，大批金丝猴已落网，他父亲和另外两个猎人追赶一只雌猴，将雌猴逼到一片空旷地带。雌猴到了走投无路的地步，它背着自己的孩子，怀里还抱着另一只雌猴留下的遗孤。空地中央有一棵树，雌猴带着两只小猴爬上了树。树不大，不足以庇护它们，它们完全暴露在猎人的枪口之下。猎人举起枪准备射击，这时雌猴向小猴们指了指自己的乳房，于是两只小猴一"人"叼住一个奶头，吸吮母奶，雌猴将小猴紧紧地搂在怀里，显出依依离别之情。不谙世事的小猴吸了几口奶便不吸了，雌猴将它们搁在高高的树杈上，摘下很多树叶，将剩余的奶水，一滴滴地挤在树叶上，摆放在小猴能够得到的地方。雌猴将自己的奶水挤得干的，将它认为该做的都做完了，然后转过身面对着猎人们的枪口，双手捂住自己的脸，静静地等待着死亡。猎人们放下了枪，在他们看来，眼前的生灵已不是雌猴，而是母亲。谁也不忍心对着母亲开枪，后来母子都活了下来。

这个故事是书上写的，然而在现实的生活中，更多的版本是人们为了维持生计，更多地选择牺牲金丝猴，来获得

图 5-1 日渐稀疏的丛林

生活资源。虽然大批猎杀金丝猴的现象很少见，但零星地猎杀时有发生，主要是因为当地人能够见到金丝猴的概率是很低的。

需要特别指出的是，对于滇金丝猴这种极为濒危的动物来说，哪怕是一些零星的偷猎活动也是猴群难以承受的。况且，滇金丝猴的活动范围极大，其栖息地处于生活艰难的高寒地区，交通十分不便利，这对于保护区的管理人员及林业管理人员来说，有效深入到那里对偷猎行为进行控制是比较困难的。最为现实的问题是，在大范围的保护区内，正式管理人员编制严重不足，

要管理好金丝猴靠如此少的人，几乎是不可能完成的任务。川金丝猴和黔金丝猴，也面临着同样的问题。

另外，栖息地的破坏也是金丝猴数量减少的重要原因。对于滇金丝猴的栖息地来说，冷杉林等高寒针叶林是生长极为缓慢的一种林木，如果是自然更新的话，一般也要百年以上，如果被破坏了，就很难恢复了。但是伐木，作为当地经济的主要支柱之一，很难让人们立刻放弃这种行为。如果离开了伐木，当地人的吃饭问题甚至都难以解决，这种矛盾导致树木的日益减少。金丝猴的栖息地面临着严重的威胁。

图 5-2 其乐融融(崔滢供图)

第二节　保护进行时

天地中没有比时间更无穷尽的了，只是分配给每一生命个体的时间总是少得可怜。人们只有面对着大山，面对着喜马拉雅山脉在裂变抬升中形成的层层皱褶，才能产生一种穿越时空的感觉，体味到相对于人的短暂一生，什么是永恒与不朽。生活于此的精灵们，还来不及享受大自然赐予的皑皑雪山、潺潺流水、阵阵花香，便要去承受人类带给它们的失去"亲人"的痛楚。

所有的破坏都来源于无知。奚志农第一次将拍摄到的滇金丝猴画面播放给当地的老百姓看时，他们面对憨态可掬、身手敏捷的小家伙们，不禁笑出了声。以前，"大青猴"只是隐约存在于人们脑海中的一个名字，他们甚至不曾真正见过金丝猴的样子。而此时，当这群可爱的精灵们出现在电视屏幕上时，他们才意识到，这些邻居原来是那么可爱，离自己的生活那么近……

随着科研人员的深入研究，人类文明的不断发展，人与自然和谐相处的可持续发展理念的不断加强，人们开始认识到保护他们的"朋友"，其实就是保护人类自己。

新的家园就这样开启了它的重建时代……

为保护川金丝猴，国家先后建立了神农架自然保护区、白水江自然保护区、佛坪自然保护区、周至自然保护区、卧龙自然保护区和白河自然保护区等。而数量较少的滇金丝猴，国家也先后为之建立起了芒康、富合山以及老君山自然保护区。而对于黔金丝猴来说，梵净山是重点的自然保护区，也是其最后的居留地。有了这些稳定

表 5-1　我国以金丝猴为主要保护对象的国家级自然保护区

名称	建立时间(年)	面积(公顷)	地点
陕西太白山自然保护区	1965	56 325	陕西省太白、眉县、周至三县交界处
四川卧龙自然保护区	1975	200 000	四川省阿坝藏族羌族自治州汶川县西南部,邛崃山脉东南坡
四川唐家河自然保护区	1978	40 000	四川省青川县境内,东接青川东阳沟省级自然保护区,西与绵阳市的平武县毗邻
贵州梵净山自然保护区	1979	41 900	贵州省江口、印江、松桃三县交界处
云南白马雪山自然保护区	1983	281 640	云南省西北部迪庆藏族自治州德钦和维西县境内
陕西周至自然保护区	1984	54 700	秦岭山区的周至、太白、佛坪、洋县等县境内
湖北神农架自然保护区	1986	76 950	湖北省房县、兴山、巴东三县交界处
西藏芒康滇金丝猴自然保护区	1992	185 300	西藏东部昌都地区芒康县境内南北走向的横断山区中部的红拉山
四川白水河自然保护区	1999	30 150	四川省龙门山褶皱带的中南段,地质上属于横断山东部
四川王郎自然保护区	1965	32 297	四川省绵阳市平武县境内

名称	建立时间(年)	面积(公顷)	地点
四川蜂桶寨自然保护区	1975	40 000	四川省宝兴县东北部,地处邛崃山西坡
陕西佛坪自然保护区	1978	16 662	秦岭中段南坡佛坪县境内西北部

居所的庇护,金丝猴的数量才在这数十年之中稳中有升。

家园被重建后,金丝猴在树枝上嬉戏打闹的场景又出现了,它们在自己的"小家"里,开始了幸福的新生活。

但在保护区周边生活的人,还处于"靠山吃山,靠水吃水"的状态,伐木、深山放牧、挖菜、采药等活动是他们收入的主要来源。这对自然保护区产生的影响将不断加深。如何解决这一问题呢?

金丝猴被列为国家一级保护动物,名气越来越大,因此越来越多的人开始涌向这里,都想一睹金丝猴的风采。金丝猴给人们的生活带来了新希望。开发旅游项目,因地制宜地为游客提供服务,大大促进了当地经济的发展,改变了仅仅局限于原始生活的状态。此时,金丝猴对于人们来说已不再是猎杀食用的动物,而是带动当地一系列产业发展的精灵。得益于金丝猴的"帮助",人们更觉得金丝猴是个宝贝,不能伤害,要保护。

图 5-3 孰重孰轻?

图 5-4 神农架秋景(蔚培龙供图)

第三节 保护工作任重而道远

随着人类活动的加剧，保护区中的金丝猴活动范围不断被踩踏出纵横交错的各种路径，这逐步使金丝猴的生存地带变得支离破碎。如果情况继续恶化，除了活动范围减少，种群质量也会因近亲繁殖而逐渐下降，最终导致种群的灭绝。

为了避免这种情况的发生，最好的办法就是建设"大保护区"，打通不同群体之间因行政区域划分而造成的阻隔障碍，把目前被完全分割的、孤立生存的各个不同群体的沟通道路开辟出来。以白马雪山为例，将其作为主体，向南延伸，连接成为各现存的自然种群的栖息地，使得它们能够自由进行个体交换，从而消除目前各个群体所面临的近交衰退难题。

尽管，冬季是金丝猴死亡的一个高峰期（主要原因之一是食物匮乏）。但这也只是针对一些"不正常"的猴群而言的，比如家园被严重侵占的群体，人工管理的群体，时常被偷猎的群体。这些群体都会因为生存空间、群体数量太小而丧失了其基本的与现有生境相协调的能力，之后就会出现个体大量死亡的现象。

目前最流行的但没有任何实证性的做法是，每当冬季来临的时候就会对这样的群体进行"人工补食"。在金丝猴经过的路线上事先放置一些食物，但是金丝猴万一不按着人们设想的移动路径移动，那该怎么办呢？金丝猴保护者有更妙的办法，采用模拟猴子叫声的方式来引导猴群采食。通过多次的实验，聪明的金丝猴逐渐"领会"了人们的好意。

长期的人工投喂造成的负面影响也是显而易见的：金丝猴失去了对人的

戒备性,更容易使人接近,从而大大提高了被偷猎和被传染恶性疾病的可能性。但这对于科研人员来说,又是不可多得的近距离观察和认识这些稀有灵长目的绝佳机会。遗憾的是,中国在金丝猴的研究和保护上的投入仍然相对较少,保护和认识好这类动物仍任重而道远。

最后,金丝猴能否得到保护还是要看法律的执行力度、深度和广度。首先,保护区内的工作人员要分区域地进行巡逻,加大对金丝猴的保护力度。其次,加大公安系统的法律执行力度,杜绝利用金丝猴毛皮、骨骼制作的产品在社会上流通。最后,加强公众宣传教育工作,这需要媒体和学校教育等部门共同行动。只有这样才可能真正达到"法网恢恢疏而不漏"的效果,有了法律的保护,金丝猴的稳定生活也就有了保障。用法律的防线为金丝猴筑起一个稳固的家,让那些为了金钱而无视生态环境的趋利者得到应有的惩罚。

图 5-5 首席摄影师与金丝猴的合影(崔滢供图)

两个男人与滇金丝
第六章　　猴的故事(漫画版)

这个故事来自龙勇诚和他的搭档张志明的真实经历(资料来源:《自然客》)。

龙勇诚与张志明,一个是大自然保护协会(TNC)中国部首席科学家,一个是地地道道的山区农民,这两个看似没有任何交集的人,却因为金丝猴结下了深厚的友谊。

自然保护区

金丝猴这一可爱的动物，为很多人所熟知和喜欢。非常幸运的是，在工作期间我们有机会跟这种国宝级的动物打交道，进行科普创作。虽然有很多忐忑，但前几本书的成功促使我们也怀着试一试的心态开启了创作之路。在写作中，我们继续沿用本系列丛书的特色，即"科普工作者与科学专家合作"。其中科普工作者负责科研文字的转化工作，科学专家主要负责科学性的审核。虽然磨合的过程几经坎坷，但金丝猴的形象一点点地丰满起来了。

为了保证丛书的一致性，本书的写作角度与之前几本保持了一致。书稿从金丝猴的"身世之谜"开始，一一向读者展现金丝猴从出生、成长，一直到独立成为个体的过程，各种谜团在这些描写中逐个揭晓。为了满足不同层次的读者需求，笔者试图运用"科学放大镜"这个专栏来延伸书籍的内容，引导有一定知识背景的读者深入阅读和思考。在第六章，笔者运用漫画的形式将龙勇诚和张志明两位研究和保护金丝猴的重量级人物的故事表现出来。一方面可以增加文章的可读性，另一方面可以宣传那些在保护金丝猴的事业中作出重要贡献的杰出人物，让更多的人知道，有这样一批人在默默地为了中国野生动物保护事业贡献着毕生的精力。

科普创作，并不是想象中的那么容易。它是一个融自然科学和社会科学于一体的过程。既要保证文章内容的科学性和逻辑性，又要兼顾文字内容的趣味性与可读性。否则，就很容易让读者陷入阅读的困境，失去阅读的兴趣。在将科研文章转化为科普性质的文字时，不免会遇到很多问题。例如，很多科研文章都是出于严谨的态度，只是对某些行为进行了大量的观察,但在结尾处,并没有确切的结论,这就让我们在写作中常常纠结于是否将这种"有待讨论"的结论写在书中。有时,大量的科研图表,连我们自己看起来都觉得困难,更别说将其转换成通俗易懂的科普文字了。此时,"合作写作"的模式就帮助我们克服了很多困难,无论是在筛选资料上,还是在下笔撰文时,都少走了很多弯路。

作为《中国珍稀物种探秘丛书》中的一册,上海市科学技术委员会、上海科普教育发展基金会和上海科技馆都给予了有力的支持,从而让这本科普读物的出版成为了现实。作为丛书的主编,王小明教授给予我们许多重要的指引。尤其在刚开始写作方向不明的情况下,他尽可能地让我们共享了一些资料,为书籍的编写提供了及时且有益的指导。中国科学院动物研究所的李明研究员在本书的写作初始,对科学性上容易出现问题的几个关键点给出了建议,在此表示感谢。同时,《芦苇丛里的流浪者——震旦鸦雀》的作者夏建宏老师和《两栖之王——中国大鲵》的作者叶晓青老师,也对本书的部分内容提出了修改建议。这本不是他们的分内之事,但为了帮助年轻人成长,他们不惜牺牲自己的休息时间,在此衷心地表示感谢。另外,上海科技馆的国家一级摄影师崔滢先生和神农架自然保护区宣教科的蔚培龙先生提供了一系列珍贵的照片资料,构成了本书图片的主体,使得金丝猴的精灵形象呈现在读者面前成为可能。

本书的责任编辑叶剑先生和王洋女士为本书的编辑和出版付出了巨大的努力,笔者在此也要对其表示感谢。写作过程中,正值笔者所在的部门"科学传播与发展研究中心"成立初期,工作繁琐而复杂,周围的同事主动帮我们承担了大量的工作,以减轻科普写作过程中的负担,在此也要向他们表示诚挚的感谢。

直到此书写完,仍然觉得心中不踏实,这种不踏实源于写作中有太多的"为什么"时刻萦绕在脑海中。科学知识是科普工作者最重要的武器,然而科学的海洋浩瀚无垠,即使不停地学习,有时也仍然觉得力不从心。

科普传播道路容不得半点懈怠。作为科普创作上的第一次尝试,我们除了遵循前辈们留下来的踏实谨慎的科学传播精神外,更重要的是还要有善于思考、敢于探索的闯劲,无论在科学传播的道路上遇到怎样的困难,本书的作者们愿意身先士卒,成为科普创作道路上的探索者,为科学传播事业作出自己的贡献!

由于专业知识和能力有限,写作中难免有许多错误,请各位读者批评指正!

刘　哲　宋　娴　任宝平

2013 年 10 月

参考文献

[1] 全国强,谢家骅. 金丝猴研究. 上海科技教育出版社,2002

[2] 杨业勤,雷孝平,杨传东等. 黔金丝猴的野外生态. 贵州科技出版社,2002

[3] 果真. 中华大地野生动物漫谈. 兰州晴朗设计公司,2005

[4] 古清生. 金丝猴部落——探秘神农架. 中国言实出版社,2007

[5] 顾志宏,金篦. 白河自然保护区川金丝猴栖息地景观格局分析. 安徽农业科学,2011,39(13):7908～7909

[6] 杨晓军. 笼养川金丝猴哺乳行为的观察. 甘肃农业大学学报,1996,31(4):334～338

[7] 王慧平,Chia L. TAN,高云芳,李保国. 秦岭川金丝猴的一次家庭雄性替代. 动物学报,2004,50(5):859～862

[8] 张铭,杨其仁,何定富等. 川金丝猴在巴东县活动的调查. 华中师范大学学报(自然科学版),1998,32(4):480～481

[9] 铁军,张晶等. 夏秋季节神农架川金丝猴取食主要影响因素分析. 林业科学,2011,47(7):108～115

[10] 任宝平,李保国等. 川金丝猴食谱的地域性差异比较. 兽类学报,2010,30(4):357～364

[11] Gu Zhihong, JIN Kun. Analysis on Landscape Pattern of Habitat of Sichuan Golden Monkey in Baihe Nature Reserve. Journal of Landscape Research,2011,3(2):4～6

[12] 梁冰,张树义.川金丝猴摄食过程中"手"的选择使用. 兽类学报,1998,18(2):107～111

[13] 李保国,张鹏,渡边邦夫等. 川金丝猴的一次食物转变. 兽类学报,2003,23(4):358～360

[14] 李银华,李保国. 灵长类相互理毛的影响因素、功能及其利益分析. 人类学学报,2004,23(4):334～342

[15] 蔚培龙. 金丝猴的恩恩怨怨. 自然与科技,2011,184(2)

[16] 李宏群,张育辉,李保国. 秦岭川金丝猴秋冬季节活动时间分配的初步研究. 陕西师范大学学报(自然科学版),2004,32(2):86～89

[17] 铁军,张晶等. 神农架川金丝猴栖息地乔木层物种多样性及其海拔梯度变化. 植物科学学报,2011,29(2):141～148

[18] 古清生. 金丝猴——原始森林中的精灵. 大晚周刊,2008,2

[19] 马纲,张敏,汪潇. 我国野生动物的生存现状. 天水师范学院学报,2005,25(2):62～64

[20] 严康慧,苏彦捷,任仁眉. 川金丝猴社会行为节目及其动作模式. 兽类学报,2006,26(2):129～135

[21] 陈嘉绩,陆桐等. 川金丝猴胃的观察. 兽类学报,1995,15(3):176～180

[22] 李保国,陈服官等. 野外川金丝猴声音行为的主要类型. 兽类学报,1993,13(3):181～187

[23] 任宝平. 秦岭川金丝猴下地活动的初步调查. 兽类学报,2000,20(1):79～80

[24] 黎大勇,任宝平等. 白马雪山自然保护区响古箐滇金丝猴的

食性.兽类学报,2011,31(4):338~346

[25] 任宝平,李明,魏辅文.云南塔城滇金丝猴掘食行为的初步研究.兽类学报,2008,28(3):237~241

[26] 马世来,王应祥等.滇金丝猴的社会行为和栖息特征的初步研究.兽类学报,1989,9(3):161~167

[27] 张荣祖,全国强等.灵长类(除猕猴属外)在中国的分布.兽类学报,1992,12(2):81~95

[28] 戚静芬.人工饲养下金丝猴繁殖的观察研究.兽类学报,1988,8(3):172~175

[29] 潘汝亮等.金丝猴牙齿与体重间的相关性研究.动物学研究,1990,11(1):73~82

[30] 彭燕章等.川金丝猴和滇金丝猴的面肌.动物学研究,1982,3(3):253~262

[31] 高云芳.人工饲养与野生川金丝猴体毛10种微量元素的含量及比较.动物学研究,2004,25(2):181~184

[32] 任宝平,李保国等.川金丝猴食谱的地域性差异比较.兽类学报,2010,30(4):357~364

[33] 赵大鹏,李保国.秦岭川金丝猴的一种自发性双足姿势的脚偏好.兽类学报,2013,33(1):1~6

[34] 向左甫等.西藏红拉雪山滇金丝猴的夜宿地与夜宿树选择.兽类学报,2011,31(4):330~337

[35] 王晓卫等.秦岭川金丝猴1至2岁个体的社会玩耍行为.兽类学报,2011,31(2):141~147

[36] 聂帅国等.黔金丝猴食性及社会结构的初步研究.兽类学报,2009,29(3):326~331

[37] 吕九全等.野生川金丝猴一个全雄青年猴群的同性爬背行为.兽类学报,2007,27(1):14~17

[38] 叶智彰等.金丝猴消化系统的主要特征.动物学研究,1985,8(3):277~285

[39] 史东仇等.金丝猴生态的初步研究.动物学研究,1982,3(2):105~116

[40] 吴宝琦等.一个滇金丝猴群生态行为的初步观察.动物学研究,1988,9(4):373~384

[41] 张全国,张大勇.生物多样性与生态系统功能:进展与争论.生物多样性,2002,10(1):49~60

[42] 季维智,朱建国,何远辉.保护生物学概要.动物学研究,1995,16(3):289~300

图书在版编目(CIP)数据

仰鼻大圣:金丝猴 / 刘哲,宋娴,任宝平编著. —上海:上海科技教育出版社,2013.11

ISBN 978-7-5428-5768-2

Ⅰ.①仰… Ⅱ.①刘… ②宋… ③任… Ⅲ.①金丝猴—普及读物 Ⅳ.①Q959.848-49

中国版本图书馆CIP数据核字(2013)第212588号

丛书策划:叶 剑 王世平
责任编辑:王 洋 叶 剑
装帧设计:杨 静

中国珍稀物种探秘丛书

仰鼻大圣——金丝猴

刘 哲 宋 娴 任宝平 编著

出版发行:上海世纪出版股份有限公司
上海科技教育出版社
(上海市冠生园路393号 邮政编码200235)
网　　址:www.ewen.cc　www.sste.com
经　　销:各地新华书店
印　　刷:上海中华印刷有限公司
开　　本:787×1092　1/24
字　　数:80 000
印　　张:4
插　　页:2
版　　次:2013年11月第1版
印　　次:2013年11月第1次印刷
书　　号:ISBN 978-7-5428-5768-2/Q·61
定　　价:32.00元